LIBRAIRIE SCIENTIFIQUE, INDUSTRIELLE & AGRICOLE DE E. LACROIX

VENTILATION & CHAUFFAGE

CHEMINÉES WAZON

SEXTUPLANT HYGIÉNIQUEMENT
L'UTILISATION DE LA HOUILLE
ET DÉCUPLANT CELLE DU BOIS

BREVETÉES S. G. D. G.

APPLICABLES

AUX HABITATIONS. — SALLES DE RÉUNION. — MAGASINS.
RESTAURANTS. — CAFÉS. — CRÈCHES. — ASILES.
ÉCOLES. — BUREAUX. — ATELIERS. — CASERNES. — CASEMATES.
AMBULANCES. — HOPITAUX. — HOSPICES, ETC.

PAR

A. WAZON

INGÉNIEUR CONSEIL EN VENTILATION ET CHAUFFAGE
A PARIS

> La respiration n'est qu'une
> combustion lente de carbone
> et d'hydrogène.
> LAVOISIER.

PARIS
LIBRAIRIE SCIENTIFIQUE, INDUSTRIELLE ET AGRICOLE
EUGÈNE LACROIX, IMPRIMEUR-ÉDITEUR
Du Bulletin officiel de la Marine et de plusieurs Sociétés savantes
54, RUE DES SAINTS-PÈRES, 54

1877

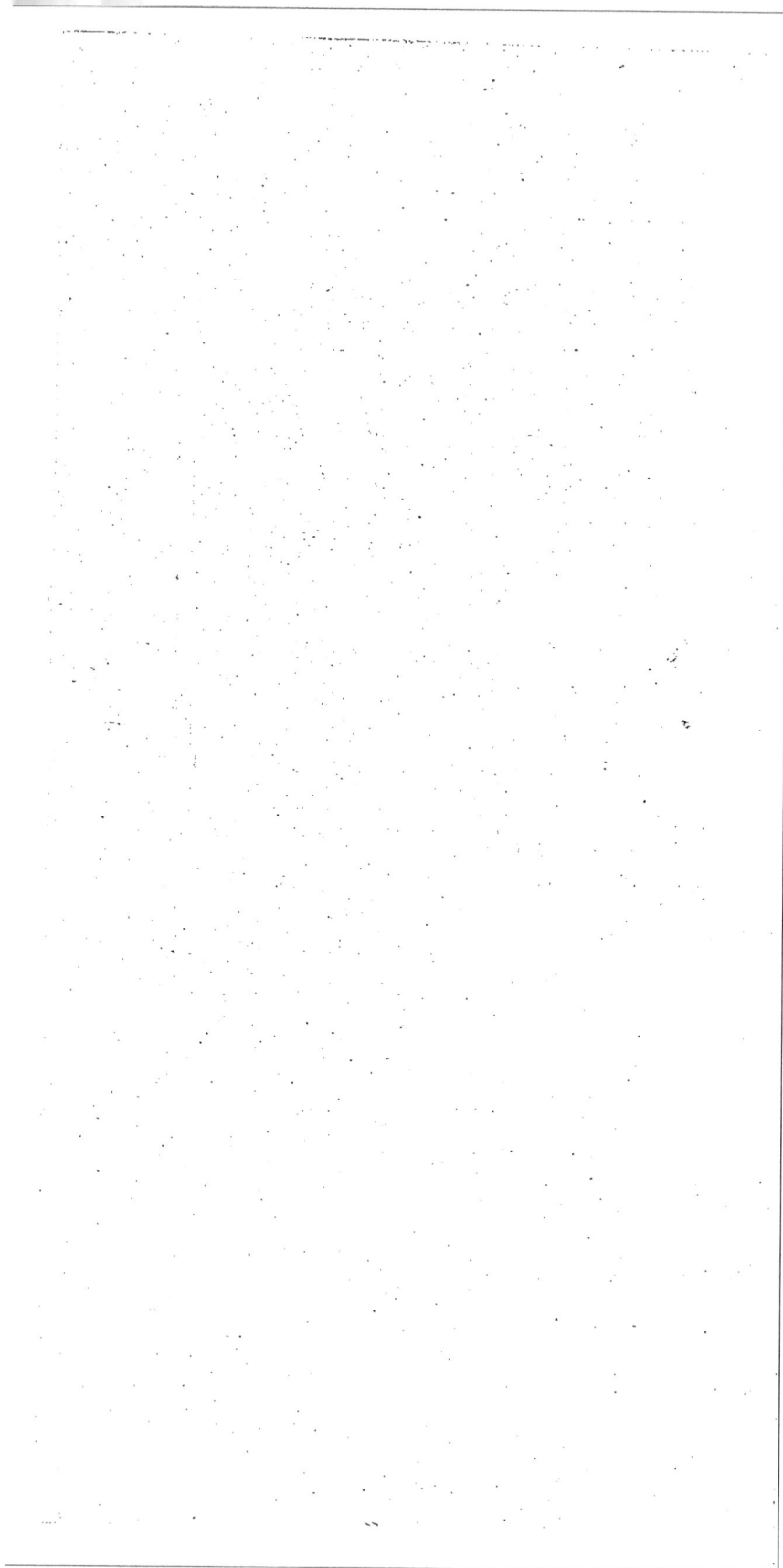

CHEMINÉES WAZON

SEXTUPLANT HYGIÉNIQUEMENT

L'UTILISATION DE LA HOUILLE ET DÉCUPLANT CELLE DU BOIS

1605

LIBRAIRIE SCIENTIFIQUE, INDUSTRIELLE & AGRICOLE DE E. LACROIX

VENTILATION & CHAUFFAGE

CHEMINÉES WAZON

SEXTUPLANT HYGIÉNIQUEMENT

L'UTILISATION DE LA HOUILLE

ET DÉCUPLANT CELLE DU BOIS

BREVETÉES S. G. D. G.

APPLICABLES

AUX HABITATIONS. — SALLES DE RÉUNION. — MAGASINS.
RESTAURANTS. — CAFÉS. — CRÈCHES. — ASILES.
ÉCOLES. — BUREAUX. — ATELIERS. — CASERNES. — CASEMATES.
AMBULANCES. — HOPITAUX. — HOSPICES, ETC.

PAR

A. WAZON

INGÉNIEUR CONSEIL EN VENTILATION ET CHAUFFAGE
A PARIS

> La respiration n'est qu'une
> combustion lente de carbone
> et d'hydrogène.
> LAVOISIER.

PARIS

LIBRAIRIE SCIENTIFIQUE, INDUSTRIELLE ET AGRICOLE

EUGÈNE LACROIX, IMPRIMEUR-ÉDITEUR

Du Bulletin officiel de la Marine et de plusieurs Sociétés savantes

54, RUE DES SAINTS-PÈRES, 54

1877

CHEMINÉES WAZON

Supériorité hygiénique de la cheminée.

L'air pur étant indispensable à la respiration de l'homme, et l'air confiné des locaux fermés qu'il habite, s'altérant rapidement par cette même respiration et de nombreuses causes de combustions vives ou lentes, il en résulte qu'il est nécessaire de le renouveler dans ces locaux avec abondance et régularité.

Cette aération est facile à produire par des temps doux, puisqu'il suffit simplement alors d'ouvrir les fenêtres ou vasistas, ce qui réalise la meilleure de toutes les ventilations, qui est la ventilation naturelle.

Mais par des temps froids il est dangereux d'ouvrir les fenêtres et il devient nécessaire d'échauffer l'air pur avant son introduction; il faut aussi l'échauffer pour qu'il puisse s'échapper régulièrement par les cheminées d'extraction. De là des dépenses très-considérables, qu'on doit chercher à réduire au minimum, en employant des appareils peu coûteux d'établissement et d'entretien, et dont le service puisse être confié à tout le monde. Ces appareils simples, économiques et de service facile sont surtout indispensables dans les habitations, écoles, bureaux, ateliers, casernes, hôpitaux, etc., car les procédés très-compliqués de ventilation mécanique et artificielle, employés avec plus ou moins de succès dans les palais, les théâtres, etc., ne peuvent en effet être appliqués à ces édifices simples. Ces systèmes complexes sont d'abord fort coûteux à établir.

Ils exigent en effet la construction et l'emploi de générateurs de vapeur, moteurs à vapeur, ventilateurs mécaniques ou compresseurs d'air, engins qu'il faut avoir en double pour éviter les arrêts pendant les réparations et nettoyages. Il leur faut aussi de très-longues canalisations métalliques pour conduire la vapeur, l'eau condensée en retour et l'air comprimé; de longues et larges galeries d'arrivée d'air pur, des planchers et des murs façonnés tout exprès pour recevoir et loger toutes ces conduites qui donnent parfois lieu à de dangereuses fuites.

Il faut encore de longs et nombreux canaux d'extraction d'air vicié, creusés dans l'épaisseur des murs qu'ils transforment en éponges à miasmes, ces canaux débouchent dans de très-longues gaînes collectives passant dans l'épaisseur des planchers et parcourant toute la longueur du bâtiment, en formant dans ce long parcours un dangereux réceptacle de miasmes, poussières organiques (1) et contagiums de toute nature, qui s'y déposent, s'y attachent et finissent par les saturer d'odeurs infectes et dangereuses (2).

Il faut encore de hautes et larges cheminées d'extraction rejetant enfin après ces longs et trop nombreux détours d'énormes volumes d'air vicié qu'on a ainsi amassé de très-loin et concentré le plus possible au point extrême de n'avoir parfois qu'une seule cheminée d'extraction; comme on le voit par exemple

(1) Angiboust, mémoire *sur la ventilation des hôpitaux*, p. 431

(2) Consulter à ce sujet les travaux de Jules Lemaire, Pasteur, Frémy, Lister, Tyndall, Villemin, etc. Ces miasmes et contagiums ne peuvent infecter nos conduits d'extraction, puisqu'ils sont enduits de suie de houille ou de bois, dont on connaît depuis longtemps l'action antiseptique (A. Wazon).

à la prison Mazas à Paris, où une seule cheminée d'extraction rejette par heure l'énorme volume de 27,000 mètres cubes, et par jour la masse immense de 648,000 mètres cubes d'un air empoisonné par les émanations des fosses qu'il a parcourues dans toute leur longueur; extraction d'autant plus dangereuse qu'elle est opérée à présent par moyens mécaniques rejetant l'air vicié à une température très-basse dans l'atmosphère, ce qui lui permet de retomber immédiatement sur la prison et le quartier Mazas et constitue à grands frais une cause d'insalubrité (1).

Quand, au contraire, il faudrait disperser le plus possible cet air vicié et le rejeter dans l'atmosphère par le plus court chemin, au moyen de nombreuses et directes petites cheminées d'évacuation.

Les générateurs et les machines de ces systèmes de ventilation artificielle, nécessitent de plus un très-coûteux personnel de chauffeurs et de mécaniciens, qu'il faut doubler quand on veut obtenir un service continu de jour et de nuit.

Enfin, et ceci est de la plus haute gravité, il est certaines conditions d'hygiène qui ne sont point encore satisfaites par l'emploi de ces savants systèmes de ventilation artificielle.

Ainsi et pour ne parler que des hôpitaux, nous prouverons plus loin par des chiffres officiels, que les hôpitaux généraux de Paris, munis de coûteux appareils de ventilation artificielle, ont une mortalité supérieure du quart, à celle des autres hôpitaux généraux de Paris ventilés naturellement.

Donc, quand il se produit 100 décès dans les hôpitaux ventilés naturellement, il s'en produit alors 125 dans

(1) Péclet, t. III du *Traité de la chaleur*, p. 244.

les hôpitaux ventilés artificiellement, pour un même nombre de malades entrés.

Ce funeste résultat est, on le voit, de la plus haute gravité et il surprendra peut-être. Cependant il avait été prévu en partie dès 1862 par les médecins et chirurgiens de Paris, lors de la mémorable discussion sur la salubrité des hôpitaux, à l'Académie de médecine.

Et dès cette époque tous ces savants éminents conseillaient hautement l'emploi de la ventilation naturelle, et l'application des foyers découverts dans les salles de malades.

A cette même époque une illustre étrangère, Miss Nightingale, dont la haute intelligence et l'admirable dévouement aux malades et blessés sont connus du monde entier, signalait dans une lettre communiquée à l'Académie de médecine de Paris (1), tous les dangers de la ventilation artificielle, elle proposait pour les salles d'hôpital, l'établissement de cheminées à foyers ouverts, et l'ouverture très-fréquente des fenêtres, pour tonifier par l'air frais autant qu'on le pourrait.

On voit donc que Miss Nightingale et nos savants médecins et chirurgiens avaient, dès 1862, prévu et indiqué les graves défauts de la ventilation artificielle, et que l'expérience a tristement confirmé leurs judicieuses appréciations.

Cette longue discussion à l'Académie de médecine eut un grand retentissement et elle fut le point de départ de nombreux et savants travaux sur le chauffage et la ventilation des édifices de toute sorte.

Les médecins et les hygiénistes qui s'occupèrent de cette question, furent d'accord pour faire ressortir par

(1) *Bulletin de l'Académie de médecine*, t. XXVII, p. 779.

dessus tout la supériorité du chauffage obtenu au moyen des cheminées ouvertes.

Nous donnons quelques extraits établissant cette supériorité incontestable.

M. le professeur Michel Lévy s'exprime ainsi :

« Le problème (1) physiologique du chauffage n'est
« résolu que par les cheminées à foyers découverts,
« c'est-à-dire par la chaleur rayonnée lumineuse. Autre
« chose est de recevoir la chaleur par l'intermédiaire
« de l'air qui sort de canaux chauffés, qui se dégage du
« poêle, la chaleur obscure, ou d'un foyer incandescent
« qui exerce sur l'organisme un peu de cette influence
« pénétrante et plastique qui est le propre de la
« radiation solaire.

« Si la vue du feu nous est réjouissante, c'est
« qu'instinctivement nous sentons qu'elle nous est
« favorable.

« Nous avons parlé de l'anémie des habitants
« sédentaires des hôtels chauffés par les calorifères; on
« l'observe dans toutes les classes sociales, dans les
« pays où les poêles de faïence, de tôle et de fonte
« sont les appareils de chauffage les plus généralement
« usités.

« De nouvelles recherches sont à faire sur la com-
« position et les propriétés de l'air circulant dans une
« longue série de tuyaux obscurs, surchauffés; à coup
« sûr, ce n'est plus de l'air normal. »

M. le docteur Gallard conclut ainsi, dans son étude sur les applications hygiéniques du chauffage et de la ventilation :

« Le chauffage par rayonnement direct d'un foyer
« incandescent, c'est-à-dire par une cheminée à feu

(1) *Traité d'hygiène publique et privée*, 5° édition, t. II, p. 478.

« découvert est le plus favorable à la santé, et il y a
« lieu de le préférer dans toutes les circonstances où
« il peut être facilement appliqué. »

M. le professeur Piorry dans sa thèse de concours (1)
à la chaire d'hygiène s'exprime ainsi :

« De toutes les manières de chauffer un appartement,
« la meilleure, certainement, sous le rapport de la
« salubrité, est la cheminée, avec bouche de chaleur,
« prenant de l'air à l'extérieur. Par la nature même
« de sa construction, une cheminée ne peut chauffer
« qu'en renouvelant l'air, puisque le courant est
« d'autant plus fort dans le tuyau de fumée, que ce feu
« est plus ardent; mais il faut convenir que cette
« manière est la plus chère, parce que les cheminées
« font perdre plus des $^9/_{10}$ de la chaleur produite,
« lorsqu'on ne profite pas d'une partie de celle qui
« passe avec la fumée pour donner des bouches de
« chaleur. »

On voit par ces extraits, que nous pourrions
augmenter de beaucoup d'autres, que les hygiénistes
sont parfaitement d'accord sur la supériorité incontestable du chauffage par les cheminées.

Défauts économiques des cheminées ordinaires.

Mais l'usage de la cheminée ordinaire est fort
coûteux; elle n'utilise en effet, comme nous allons le
prouver, que 6 % de la chaleur du bois et que 12 % de
celle de la houille ce qui est très-insuffisant.

Péclet dit en effet (2) :

« La chaleur utilisée dans les foyers découverts est
« à peu près égale à 0,06 de la chaleur totale pour le

(1) *Dissertation sur les habitations*, p. 105.
(2) *Traité de la chaleur*, t. III, p. 84.

« bois et 0,12 pour les trois autres combustibles :
« charbon de bois, houille et coke. »

D'un autre côté M. le général Morin dit également : (1)

« Nous ferons voir, par des résultats d'expériences
« directes, que l'air appelé par une cheminée en sort
« le plus souvent à des températures de 80 degrés
« cent. à 100 degrés cent. au plus, et qu'il emporte
« avec lui et disperse ainsi dans l'espace, sans profit
« pour le chauffage, la plus grande partie de la chaleur
« développée par le combustible; de sorte que le
« rendement calorifique de ces appareils ne dépasse
« guère 0,10 à 0,12 de la chaleur fournie par le
« combustible. »

Ainsi il est parfaitement prouvé par des expériences
directes que l'air chaud évacué par les cheminées
ordinaires, emporte près de $^9/_{10}$ de la chaleur totale.

Pour perfectionner et augmenter le rendement
calorifique de la cheminée c'est à cette cause de perte
qu'il fallait s'attacher, soit en trouvant le moyen direct
de l'empêcher, soit en cherchant à récupérer cette
chaleur pour l'échauffement de l'air neuf.

C'est à ce second principe que se sont ralliés tous les
inventeurs qui ont cherché à perfectionner la cheminée
avant nous.

Cheminée Wazon.

Au contraire des précédents inventeurs, nous avons
cherché et trouvé le moyen direct d'empêcher cette
perte, et l'expérience a justifié la supériorité de ce
procédé tout nouveau.

Pour récupérer en partie la chaleur emportée par

(1) *Manuel pratique du chauffage*, p. 30, 1874.

l'air vicié et la fumée, on fait d'ordinaire circuler cette fumée refroidie par l'air vicié, dans des conduits métalliques, enveloppés et mis en contact avec de l'air pur, qui s'échauffe ainsi avant son introduction dans les pièces.

Mais l'économie ainsi obtenue est faible.

On comprend facilement en effet que ces surfaces métalliques mises en contact d'un côté avec de la fumée à 80 degrés ou 100 degrés qui les enduit promptement de suie non conductrice, et de l'autre côté avec de l'air qui doit atteindre 40 degrés environ, ne peuvent transmettre qu'une très-faible quantité de chaleur, car on sait que la transmission de la chaleur à travers des parois solides, est proportionnelle à la différence de température des deux faces de la paroi.

Il faudrait donc : 1° éviter de faire passer la fumée et la suie dans les conduits récupérateurs et : 2° augmenter de beaucoup la température intérieure de ces conduits.

Pour empêcher la fumée et la suie de se déposer, il faudra en opérer la combustion complète. Et pour augmenter fortement la température intérieure des conduits il faudra diminuer le volume du courant d'air échauffant ces conduits et le réduire à un minima, comme on le fait depuis longtemps dans tous les foyers fermés.

Le volume maxima d'air chaud qu'on doit laisser passer dans le conduit du récupérateur se trouve donc réduit au volume d'air nécessaire à la combustion complète.

Voici donc enfin les conditions indispensables à une bonne récupération nettement définies.

1° Absence de fumée, obtenue par la combustion complète et : 2° volume d'air chaud admis dans le conduit de chauffe, réduit à la quantité nécessaire à la combustion complète.

On va voir que la cheminée que nous avons inventée, satisfait à ces conditions nécessaires. Nous avons simplement pratiqué une seule ouverture au bas du dossier de la grille ordinaire, à houille, des foyers découverts, à cette unique ouverture nous avons boulonné un seul et unique conduit métallique récupérateur montant verticalement dans un coffrage spécial d'air nouveau, jusqu'à la hauteur du plafond de la pièce; ce conduit métallique est muni d'une soupape réglant le tirage du feu.

En ouvrant cette soupape tous les gaz brûlants du foyer passent à travers la masse du combustible porté au rouge et se précipitent dans le conduit métallique récupérateur qu'ils échauffent très-fortement, puis qu'aucune portion d'air froid ne peut s'y introduire sans avoir traversé le combustible du bas de la grille, toujours porté au rouge. Il est également impossible qu'aucune parcelle de fumée ou de suie s'y introduise, car on a vu que l'ouverture de départ des gaz est placée au bas du dossier de la grille; le combustible étant toujours chargé par dessus, il en résulte que toute la fumée produite par le combustible frais, est forcée de passer à la base du foyer, au travers du combustible de la charge précédente qui est on le sait toujours portée à la chaleur rouge. Cette fumée se brûle donc complétement, sans produire d'oxyde de carbone, car elle est portée à une haute température et mise au contact de l'oxygène qui afflue suffisamment par dessous la grille.

Notre système de cheminée satisfait donc en entier, aux conditions indispensables à une bonne récupération par l'air nouveau introduit de l'extérieur, qui sont comme on l'a déjà vu : suppression des dépôts de fumée et de suie dans le conduit récupérateur et haute température de ce conduit.

Cette disposition rationnelle évitant la sujétion des nombreux et incommodes nettoyages, a de plus le précieux avantage de procurer un tirage maxima extrêmement énergique, permettant de brûler dans les meilleures conditions : les menus de houille, le coke et l'anthracite; combustibles qu'il est très-difficile d'employer dans les foyers ordinaires à faible tirage.

Pour compléter cette disposition fondamentale, il nous a fallu satisfaire à d'autres conditions importantes : il faut d'abord éviter avec soin que l'air pur récupérant s'échauffe à un trop haut point. Nous y avons pourvu par l'emploi d'un large et haut coffrage d'accès disposé verticalement et de toute la hauteur de la pièce, ce qui a pour effet d'augmenter la vitesse de l'air chaud introduit.

Nous avons muni la prise d'air extérieur d'un registre réglant l'entrée de cet air.

On a aussi disposé dans le coffrage un vase à eau, afin de charger l'air chaud de la vapeur qui pourrait lui faire défaut par des temps secs.

La température de cet air introduit, peut être instantanément modifiée par la très-simple manœuvre de la soupape du conduit de chauffage, conduit qui peut même être tenu froid en fermant complétement sa soupape.

Nous obtenons par cette simple manœuvre un résultat précieux, qui consiste dans l'indépendance instantanée du chauffage et de la ventilation.

Indépendance qui peut rendre de grands services dans beaucoup de locaux exposés à de fortes et brusques accumulations de personnes ou de lumières, comme les salons de réception, les cercles, les cafés et restaurants, etc. Car si par une cause quelconque la température de ces locaux vient à s'échauffer ou à se refroidir brusquement, brusquement aussi on peut rafraîchir ou réchauffer l'air neuf introduit.

Dans les pièces très-encombrées ou très-éclairées qu'on désire rafraîchir énergiquement, il devient nécessaire d'extraire l'air chaud et vicié par en haut; car en se bornant dans ce cas comme on le fait presque toujours, à extraire l'air par le bas de la pièce, on n'en tire que l'air le plus frais qui se tient toujours au ras du sol, vu sa plus forte densité, et le plus pur, car c'est au plafond que se porte de préférence l'air chaud vicié de la respiration ainsi que les gaz produits par la combustion des lumières; contrairement à l'opinion vulgaire qui prétend prouver, sans expériences et par simple appréciation des densités respectives des différents gaz, que l'air vicié et l'acide carbonique, sont plus abondants au niveau des planchers.

Les expériences d'analyse chimique dues à l'immortel Lavoisier (1), à Gay-Lussac (2) et Humboldt, à F. Leblanc (3), Orfila, Lassaigne (4), Coulier (5); ont établi cependant depuis longtemps, que l'acide carbonique produit par la respiration et par la combustion des lumières, se portait et se cantonnait toujours dans la partie supérieure des pièces habitées ou éclairées, et que l'oxygène, l'élément salubre par excellence, était au contraire plus abondant au niveau de leurs parquets.

Nous avons donc pour certaines salles spéciales qui demandent un énergique rafraîchissement, appliqué et joint à notre cheminée le dispositif de prise d'air vicié par en haut déjà conseillé par Péclet (6). Dispositif qui consiste en un coffrage latéral au foyer, prenant l'air du haut de la pièce, le conduisant derrière la grille ou

(1) Lavoisier, édition Dumas, t. II, p. 683 et 684.
(2) Journal de *Physique* de De Laméthérie, 1805.
(3) *Annales de Chimie et de physique*, 1842.
(4) *Annales d'hygiène*, 1846, p. 296.
(5) *Annales d'hygiène*, 1873.
(6) *Traité de la chaleur*, 3e édition, t. III, p. 124.

il s'échauffe et gagne ainsi rapidement et régulièrement le tuyau ordinaire de la cheminée.

Toutes les conditions imposées par les règles de l'hygiène se trouvent donc réalisées dans nos types de cheminées.

Il nous reste à prouver maintenant par des expériences thermométriques et anémométriques, que notre système réalise bien la sextuple utilisation ordinaire, des foyers découverts alimentés à la houille. On trouvera cette preuve dans le détail et le résumé des expériences ci-dessous.

Expériences d'effet utile de la cheminée Wazon.

Consommation de houille par heure $= 2^k,5$.

Nombre total de calories ou d'unités de chaleur dépensées $2^k,5 \times 8000 = 20,000$ cal. $= Z$.

Température du local $= + 21$ degrés.

Température de l'air extérieur $= + 2$ degré cent.

Température de l'air introduit $= + 37$.

Nombre de degrés acquis par cet air $= 37 - 2 = 35$ degrés.

Section libre de la prise d'air extérieur $= 0^{m2},13$.

Formule de l'anémomètre Secretan, n° 36;

(Aluminium, axe monté sur pierres) $V = 0^m,12 + 0,136 \times N$

Nombre de tours moyen par seconde dans les expérience $N = 18$, d'où l'on tire $V = 0^m,12 + 0,136 \times 18 = 2^m,56$.

Vitesse V de l'air introduit par seconde $V = 2^m,56$.

Volume S d'air introduit par seconde $S = 2,56 \times 0,13 = 0^{m3},333$.

Volume H d'air introduit par heure $H = 0^{m3},333 \times 3600' = 1198^{m3}$.

Poids P de ce volume H à la température de $+ 2 = 1198 \times 1^k,285 = P = 153$ kil. Chaleur D apportée par cet air par degré $D = 153 \times 0^{cal}.,237 = 364,7^{cal}$.

Chaleur totale C de cet air ayant acquis 35 degrés $C = 364,7 \times 35 = 12766$ calories.

Rayonnement R direct du foyer ouvert $R = \dfrac{20.000}{10} = 2000 c.$

Somme T des utilisations. Par l'air entré C $= 12766.$

Par rayonnement R $= \underline{2000}$

Somme T $= 14766$ cal.

Rapport à la chaleur totale Z dépensée.

$$\frac{T}{Z} = \frac{14,766}{20,000} = 0,738 = U = \text{Utilisation rapportée à}$$

l'unité. Utilisation ordinaire des cheminées à houille

$= u = 0,12$, d'où l'on tire $\dfrac{U}{u} = \dfrac{0,738}{0,12} = 6,1$. Il résulte

donc de ces expériences que l'utilisation du combustible dans notre cheminée est au moins six fois celle des cheminées ordinaires à la houille, et que nous avons ainsi sextuplé cette utilisation.

Pour trouver l'utilisation de la chaleur du bois par notre cheminée il faut : de 0,73 retrancher le rayonnement 0,10 de la houille, il vient $0,73 — 0,10 = 0,63$. Si on ajoute à ce nombre le rayonnement du bois $= 0,06$, il vient : $0,63 + 0,06, = 0,69$. L'utilisation totale par le bois est donc 0,69.

En divisant cette utilisation totale par l'utilisation

ordinaire il vient : $\dfrac{0,69}{0,06} = 11,5$.

On voit donc que nous sommes autorisé à dire que l'utilisation du bois est plus que décuplée par l'emploi de notre cheminée.

Locaux où l'emploi de la cheminée est indispensable.

Chambres à coucher.

L'emploi de la cheminée dans les chambres à coucher, étant assez généralement admis, nous n'insisterons pas longuement sur leur utilité dans ce cas et nous nous contenterons de citer les lignes suivantes extraites de la Maison (1) de M. le Professeur d'hygiène Fonssagrives. (Le savant auteur du *Traité d'hygiène navale*).

(1) *La Maison*, p. 201 et 298.

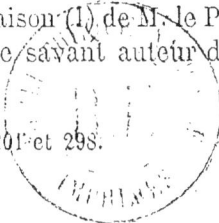

« La cheminée est par excellence l'*organe respira-*
« *toire* d'une chambre à coucher ; et il conviendrait
« donc que toute pièce destinée à être habitée la nuit
« en fut munie, lors même qu'elle ne devrait pas servir
« au chauffage. Mais le chauffage des cheminées active
« singulièrement leur office purificateur en accélérant
« le mouvement de la colonne d'air contenue dans leur
« tuyau.

« Lorsque sa vitesse atteint 2 mètres par seconde,
« l'air intérieur d'une chambre de dimensions
« moyennes, se renouvelle environ cinq fois par heure.
« C'est dire l'efficacité ventilatrice de la cheminée
« pendant l'hiver.

« D'ailleurs et l'hygiène ne saurait trop insister sur
« ce point, si la cheminée est *utile* pour maintenir
« l'hiver, une température agréable dans nos chambres,
« elle est *indispensable* pour en renouveler l'air inté-
« rieur.

Salles à manger, restaurants, cafés, réfectoires.

Les salles à manger sont presque toutes chauffées
par un insalubre poêle en fonte, à cloche (1), entouré
d'une enveloppe en faïence et fort improprement nommé
poêle de faïence puisqu'il n'en est qu'entouré.

Il donne par de très-petites bouches de chaleur, de
l'air surchauffé souvent jusqu'à 180 ou 200 degrés, en
quantités minimes.

La ventilation des salles à manger n'est d'ordinaire
prévue nulle part, car aucune bouche d'extraction
d'air vicié n'y est pratiquée ; la porte et le cendrier du

(1) Voir les gravures de Figuier. *Merveilles de la science*, t. IV
p. 290.

poêle qui pourraient donner lieu à une petite extraction d'air, sont ordinairement placés en dehors de la pièce.

Il résulte de l'ensemble de ces absurdes conditions de chauffage excessif et de cette absence de ventilation, de très-graves inconvénients pendant les repas, surtout ceux du soir qui comportent un éclairage très-échauffant venant encore ajouter une nouvelle cause de malaise. L'odeur des vins et des mets parfois très-forte vient se mêler à toutes les émanations des lumières et aux produits de la respiration des convives, en formant ainsi très-rapidement une masse de gaz viciés ou désagréables à respirer, qui infectent non-seulement la salle, mais pénètrent souvent dans les salons voisins où ils sont appelés par le tirage des cheminées ouvertes de ces pièces.

Il est donc urgent, de renoncer à employer des dispositions aussi gênantes, qui ne sont pratiquées aujourd'hui que par esprit d'imitation et de routine. La cheminée doit donc être appliquée dans les salles à manger où elle est appelée à faire cesser tous les inconvénients signalés plus haut. En chauffant modérément et fournissant un grand volume d'air pur non surchauffé, et en enlevant directement et sûrement tout l'air vicié, elle rendra là autant, si non plus de services que dans les autres pièces de l'habitation.

Salons de réception, salles de réunion, cercles, écoles de dessin ouvertes le soir, boutiques, magasins.

Les salons de réception appelés à recevoir un nombre considérable de visiteurs, puisqu'il s'élève jusqu'à trois et quatre personnes par mètre carré de plancher en certaines circonstances, et un brillant et très-échauffant éclairage, devraient être pourvus de moyens de ventilation très-puissants, introduisant sans courants gênants, une grande masse d'air pur, et enlevant rapidement la masse énorme d'air chaud et vicié qui se porte au plafond.

Il est loin d'en être ainsi, et la plupart des salons de réception n'ont aucun moyen de ventilation.

(1) M. Viollet-le-Duc, l'éminent et savant architecte, le constate dans les lignes suivantes :

« Quant à la ventilation des salles de réunion, on ne
« s'en préoccupe pas ; aussi n'est-il pas une salle à Paris
« où l'on n'étouffe bientôt, un jour de réception, au
« milieu d'une atmosphère viciée par l'air chaud sortant
« des calorifères, par les lumières, l'absorption d'oxy-
« gène et le dégagement de gaz acide carbonique.

« Or, jusqu'à présent, le seul moyen de ventilation
« adopté pour les salons de réception, consiste à ouvrir
« les fenêtres, ou partie des fenêtres, c'est-à-dire des
« vasistas. Excellent procédé pour donner des fluxions
« de poitrine ou tout au moins des rhumes.

« Ainsi sur les épaules nues des femmes, sur les
« crânes découverts des hommes, tombent des douches
« d'air froid, tandis qu'à deux pas de la projection de
« cette douche, on est plongé dans un bain de vapeur
« méphitique, à la température de 30 degrés.

« La ventilation des salons de réception, dans nos
« hôtels, est donc une des graves questions à résoudre. »

Les inconvénients anti-hygiéniques d'un pareil état de choses sont vigoureusement indiqués dans les lignes suivantes dues au professeur Daremberg (2) l'érudit et savant auteur de l'*Histoire des Sciences médicales*.

« Quand on songe aux terribles et inévitables effets

(1) Entretiens sur l'Architecture, t. II, p. 296 et 297.
(2) Des *soins* à donner aux malades par Miss Nightingale, p. 20 et 31 de la préface de l'édition française.

« que produit immédiatement ou à la longue une atmos-
« phère viciée sur les êtres vivants; quand on a assisté
« à ces expériences où les animaux s'affaissent et
« périssent empoisonnnés par leur propre respiration,
« on serait tenté de crier *à l'assassin* ! toutes les fois
« qu'on entre dans ces salles basses et étroites ou cent
« poitrines à la fois exhalent la pestilence, dans ces
« salons d'où les flots pressés de visiteurs ne songent
« même pas à s'échapper, quand déjà les bougies
« pâlissent, faute de ce gaz oxygène qui en alimen-
« tait la flamme.

« Pour peu qu'on lise avec quelque attention les cin-
« quante pages que Péclet a consacrées au chauffage et
« à la ventilation des appartements, on reconnaît bien
« vite, que sous ce rapport nos architectes n'ont pas
« fait de grands progrès depuis les heureuses, mais
« insuffisantes réformes de Rumfort. Péclet voit le mal,
« il le signale avec énergie, mais il n'a pas le remède
« sous la main; il est persuadé que le procédé élémen-
« taire de ventilation qui consiste à ouvrir les fenêtres,
« c'est-à-dire à faire une prise d'air directe à l'extérieur,
« entraîne, en un grand nombre de cas, de graves
« inconvénients, (il les signale avec énergie, t. III,
« p. 123), et qu'il est même quelquefois impossible;
« mais il ne se trouve guère pour y remédier, que des
« appareils imparfaits et non équilibrés, qui doivent
« servir en même temps au chauffage et à la ventilation.
« Les cheminées qui donnent beaucoup de vent et peu
« de chaleur, et les poêles qui versent dans la chambre
« beaucoup de chaleur, mais en prenant peu d'air sans
« le renouveler.

« Le jour où l'on aura pu persuader aux propriétaires
« et aux architectes, l'indispensable nécessité d'un
« renouvellement continu de l'air qui sert à la respira-
« tion, c'est-à-dire à l'entretien le plus direct de la vie,

« ce jour-là l'hygiène aura fait une grande conquête,
« et la maladie aura perdu la moitié de ses droits
« (Daremberg) ».

On comprend la haute importance de cette conclusion,
émanée d'un des hommes qui ont le plus étudié, pour
tous les pays et toutes les époques de l'histoire, les
causes de la formation et de la propagation des maladies (1).

Les salons de réunion où toutes les causes d'échauffement et d'insalubrité se trouvent accumulées, présentent de réelles difficultés pour leur ventilation et
leur rafraîchissement méthodique.

Il faut disposer d'appareils assez puissants pour
échauffer d'abord la salle avant l'arrivée des invités.

Puis lors de leur présence en nombre plus ou moins
grand, il faut que ces appareils introduisent une masse
d'air proportionnée en volume et en température à la
somme des visiteurs présents. Il faut aussi extraire
régulièrement le volume variable d'air vicié qui se produit, et l'extraire là où il est le plus chaud et le plus
vicié, c'est-à-dire au plafond.

L'affluence des visiteurs subissant souvent des variations rapides dans les deux sens, il est donc indispensable de faire varier rapidement le volume et la température de l'air introduit.

Car on sait d'après les expériences directes du savant
M. Hirn que la chaleur produite par l'homme en repos
peut donner une moyenne de (2) 170 calories par heure,
soit une quantité de chaleur pouvant porter 60 mètres
cubes d'air de + 29 degrés à + 30 degrés.

Et que l'homme animé de mouvements rapides,
comme un danseur, peut produire (3) 251 calories exté-

(1) *Histoire des Sciences médicales*, Paris, 1870.
(2) *Conséquences philosophiques de la thermodynamique*, p. 39.
(3) *Théorie mécanique de la chaleur* 1875, t. I, p. 39.

rieures, soit une quantité de chaleur pouvant porter 88^{m3} d'air de + 20 degrés à + 30 degrés.

On comprend devant de tels chiffres quelle est la difficulté de rafraîchir un salon de réception, et quelle est la grande influence causée par les variations rapides du nombre des occupants sur la chaleur produite.

Les lumières, très-nombreuses d'ordinaire, ajoutent une énorme quantité de chaleur et leur combustion produit une masse de gaz insalubres.

Ainsi une bougie de l'étoile brûlant 11 grammes par heure, produit environ 106 calories, capables d'élever 37^{m3} de 20 à 30 degrés (1).

Une lampe Carcel brûlant 42 grammes d'huile de colza, produit par heure 390 calories, pouvant élever 137^{m3} d'air de 20 à 30 degrés.

Un bec de gaz donnant une lumière égale à la lampe Carcel, et brûlant au minima 126 litres (2) produit 970 calories, pouvant porter 340^{m3} d'air de 20 à 30 degrés (Le mètre cube de gaz produit 7700 calories) (3).

La plus grande partie de cette chaleur se portant au plafond avec la masse d'air vicié par la combustion et la respiration, il devient on le voit indispensable, d'opérer l'extraction de cet air vicié et de cette énorme somme de chaleur, par la partie supérieure de la pièce, car si on voulait l'extraire par en bas on rabattrait ainsi l'air vicié et la chaleur dans la zône de la respiration, et on empoisonnerait les occupants tout en les échauffant au maximum.

Voici donc enfin posées les principales conditions

(1) Calculé par A. Wazon d'après les chiffres de Favre et Silbermann et de Rumfort.

(2) Audoin et Bérard. *Annales de Chimie et de Physique.*

(3) (A. Wazon) calculé d'après les Analyses directes de Payen (vapeur condensée). *Chimie industrielle* t. II, p. 612, 4e édition.

nécessaires au chauffage varié et à la ventilation méthodique des salons de réception.

Notre type de cheminée à prise d'air vicié au plafond, nous paraît remplir complétement toutes les conditions variées de cette difficile question. En effet, il permet d'échauffer, avant l'arrivé des invités, la pièce au point désiré, et pendant leur présence il fournit une masse d'air nouveau à la température désirée fraîche ou chaude en passant par tous les degrés intermédiaires, et cela d'une façon instantanée, puisqu'il suffit d'un simple tour de clef de la soupape du tuyau de chauffe pour l'ouvrir à la chaleur du feu, ou le fermer et le tenir froid.

Le registre d'air nouveau pouvant être plus ou moins ouvert, permet de régler aussi instantanément le volume d'air pur introduit.

On voit donc qu'on est complétement maître de régler, en 2 secondes, la température et le volume de l'air nouveau entrant, et cela sans dérangement et sans sortir de la pièce. Le registre d'air vicié placé aussi à portée de la main peut régler, en un instant, le volume d'air vicié sortant à volonté, par en bas avant l'arrivée des invités pour échauffer la pièce, et par en haut, en un instant, pour la rafraîchir, car il suffit pour cela, d'abaisser le rideau ordinaire de la cheminée, qui vient alors masquer complétement le foyer en l'empêchant de rayonner dans la pièce, et d'ouvrir le registre d'air vicié de la prise au plafond.

On est donc toujours maître, avec notre cheminée, de régler instantanément le volume et la température de l'air entrant, et le volume et le sens d'extraction, par en haut ou par en bas de l'air vicié, le tout sans aucun dérangement et sans s'éloigner même de la cheminée, où toutes les clefs de règlement sont à la portée de la main.

Rien ne s'opposerait pour de très-grands salons à

l'emploi de plusieurs cheminées placées, soit dans la même pièce, soit en des pièces à communication libre et permanente; car les cheminées à prise d'air extérieur n'ont point d'action les unes sur les autres.

Nous avons donc la très-ferme conviction d'avoir enfin réalisé, par l'invention de ce type de cheminée, le chauffage variable et la ventilation rationnelle des salons de réception, et cela d'une façon simple, sûre, et d'une grande promptitude d'action.

Ecoles primaires, crèches, asiles, collèges, lycées, bureaux.

Malgré l'évidente nécessité d'un renouvellement d'air abondant, dans les lieux habités par l'enfance, dont la respiration active a besoin de plus d'air que l'adulte, à poids égal. On néglige trop souvent, même à Paris, l'établissement d'une ventilation abondante et régulière pour les temps froids, dans les locaux destinés à l'enfance.

La ventilation des écoles a été l'objet d'un travail spécial publié par Péclet en 1842 (1).

Mais le dispositif proposé par ce savant (qu'il a aussi conseillé pour les salles d'hôpital), est loin d'être satisfaisant.

Il consiste dans un poêle calorifère placé près du bureau du maître, le tuyau de ce poêle parcourt horizontalement toute la longueur de la classe, à la hauteur du plafond, et débouche dans une cheminée dont il atteint le sommet supérieur, en échauffant par ce moyen l'air vicié extrait par cette cheminée.

Cette disposition échauffe trop fortement la partie

---

(1) *Traité de la chaleur*, 1re édition, t. II, p. 455 et 2e édition, t. III, p. 312.

supérieure de la classe. La fumée trop refroidie dans ce long parcours ne détient plus assez de chaleur pour échauffer l'air vicié de la cheminée d'extraction, dont l'effet salutaire se trouve très-insuffisant.

Cet appareil a en outre le très-grave défaut, qu'il partage du reste avec les appareils plus récents, de ne point permettre de faire varier promptement la température de l'air introduit, qui passe toujours forcément sur les surfaces de chauffe du foyer, ce qui rend la ventilation solidaire du chauffage.

La Direction des travaux de Paris, a récemment fait étudier par une commission spéciale, les conditions particulières de la ventilation et du chauffage des écoles.

Nous extrayons les lignes suivantes du rapport de cette commission composée (1) de MM. Daviond et Bourdais, architectes et MM. Fontange et Ser, ingénieurs, artistes et savants dont la haute compétence en ventilation est bien reconnue.

Le rapport écarte d'abord l'emploi des calorifères généraux à air chaud, parce que :

« L'appareil de combustion étant placé dans la « classe même à chauffer, on évite les pertes assez « notables de chaleur qui ont lieu dans le parcours « de la canalisation d'arrivée, et aussi parce que les « dépenses d'installation sont beaucoup moins élevées.

« Quel que soit le système, les conditions les plus « importantes auxquelles les appareils doivent satis- « faire sont les suivantes :

« Régularité du chauffage, c'est-à-dire uniformité de « température dans toutes les parties habitées de la « classe et aux diverses heures de l'occupation; régu- « larité de ventilation, c'est-à-dire passage d'air en « quantité égale autour de chaque élève.

(1) Narjoux, *Des écoles publiques*, p. 154, 1877.

« Pour satisfaire à la première condition, quand
« l'appareil est placé dans la classe même, on com-
« prend que le rayonnement de la surface doit être
« très-modéré, afin que son action ne se fasse pas trop
« vivement sentir sur les places voisines, au préjudice
« des places les plus éloignées; par conséquent, il
« faut que l'appareil soit muni d'une enveloppe peu
« conductrice.

« Le tuyau de fumée apparent qui, dans beaucoup
« d'écoles, traverse les classes, présente de nombreux
« inconvénients et doit être abandonné. Mais comme
« ce tuyau constitue une notable partie de la surface
« de chauffe, il faut trouver un moyen d'en développer
« ailleurs l'équivalent. Or, si l'on observe que l'air
« chaud qui provient de l'appareil tend toujours à
« monter directement au plafond; qu'il y soit ou non
« conduit par une enveloppe fermée, on comprendra
« que rien n'est plus facile, que d'utiliser au développe-
« ment des surfaces de chauffe tout ou partie de
« l'espace vertical, situé au-dessus de la surface que
« cet appareil occupe sur le sol.

« L'appareil se composera ainsi d'un foyer et d'une
« surface de chauffe placée au-dessus, le tout enfermé
« dans une enveloppe peu conductrice ouverte à la
« partie haute, pour laisser échapper l'air chaud
« qu'elle contient.

« Il sera muni d'une ou, mieux, de deux prises d'air
« extérieur, percées sur les faces opposées du
« bâtiment. »

L'appareil ainsi décrit et conseillé par la commission
offre, on l'a déjà compris, les plus grandes analogies
avec notre cheminée. Prise d'air extérieur, air chaud
neuf débouchant au plafond de la classe, surfaces de
chauffe verticales placées au-dessus du foyer, enveloppe
peu conductrice de ces surfaces, tout cela est commun

aux deux appareils. Mais celui de la commission n'est encore qu'un poêle calorifère avec lequel on ne peut faire varier rapidement la température de l'air pur entrant.

Car, et cela est commun à tous les appareils connus, l'air neuf est toujours forcé de passer sur toutes les surfaces de chauffe du calorifère, et comme il est impossible de refroidir ces surfaces, puisque le poêle est souvent chargé pour plusieurs heures, il en résulte un échauffement forcé de l'air neuf obligé constamment de lécher ces surfaces de chauffe. Par l'emploi de notre cheminée, (dont le brevet est du reste antérieur à l'estimable rapport de la commission), on peut facilement et instantanément refroidir ou réchauffer à volonté, par un simple tour de clef, les surfaces de chauffe léchées par l'air nouveau et on est donc absolument maître de régler à tout instant et à tout degré, la température et le volume de l'air neuf introduit, et cela sans toucher au feu qui peut être chargé pour un temps assez long.

Pour l'extraction de l'air vicié la commission propose un système très-compliqué et très-dispendieux, de canaux d'extraction logés dans l'épaisseur des planchers et s'ouvrant dans le parquet de la classe, au moyen de bouches horizontales grillagées; ce dispositif complexe est destiné à prendre l'air soi-disant le plus vicié, autour de chaque élève, au ras du parquet.

Nous avons déjà vu qu'au contraire l'air le plus vicié se porte au plafond, et qu'on extrait ainsi par en bas l'air le plus pur puisqu'il est le plus chargé d'oxygène, et le moins mélangé d'acide carbonique. Il vaut mieux comme le conseillait Péclet extraire l'air à 0",80 (1) du sol, à la hauteur de la respiration des élèves. On aura de plus l'avantage d'empêcher les veines d'air

(1) *Traité de la chaleur,* 2ᵉ édition, t. II, p. 459, nº 2094.

froid qui pénétrent par les fissures extérieures, de venir glacer les pieds des élèves.

On évitera les frais très-coûteux de ces longs canaux, qui en pratique ont présenté de graves inconvénients, car ils deviennent le réceptacle de toutes les poussières de la classe, puisqu'ils sont ouverts dans le parquet et que leur nettoyage direct est impossible, ils constituent ainsi une cause permanente de grave insalubrité, justement signalée par M. l'architecte Narjoux (1), le très-estimable artiste à qui l'on doit de beaux travaux sur les écoles françaises et étrangères.

La disposition généralement en usage pour l'extraction de l'air vicié des classes, consiste à faire la prise d'air vicié au bas d'une cheminée, où cet air s'échauffe plus ou moins par le contact des parois du tuyau à fumée du poêle calorifère.

Or, il y a encore là de graves défauts à faire disparaître. En effet cette disposition coûteuse d'installation, et d'entretien très-onéreux, car ces longs tuyaux de tôle s'oxydent et se détruisent rapidement, a de plus le vice capital de lier étroitement l'extraction régulière et abondante de l'air vicié à un chauffage actif, qu'il n'est pas toujours possible de réaliser par des temps doux.

Car si la température extérieure s'élève, il faut bien forcément modérer le chauffage de la classe, en brûlant moins de combustible.

Il en résulte que la faible quantité de chaleur que détient encore la fumée à son entrée dans le coffrage où l'air vicié doit s'échauffer, devient très-insuffisante pour produire cet échauffement, et cela précisément au moment où cet air vicié aurait besoin d'une plus grande somme de chaleur, car on sait que le tirage des

(1) *Des écoles publiques*, p. 279.

cheminées diminue très-sensiblement quand la température extérieure s'élève.

Monsieur le général Morin dans ses études sur la
ventilation (1) a fait ressortir clairement ce vice capital
des appareils d'extraction d'air vicié.

Le savant général a constaté, par des expériences
anémométriques, faites avec l'esprit de précision
scientifique qu'on lui connaît, que chaque enfant des
écoles de Grenelle, à Paris, ne reçoit que 3^{mc},5 par
heure, quand il est admis aujourd'hui qu'il faut de 15 à
20^{mc} par enfant.

M. le général Morin conclut ainsi à ce sujet :

« Le chauffage ne devant avoir une certaine activité
« que pendant l'hiver, tandis que la ventilation doit
« fonctionner en tout temps, il faut prendre des dis-
« positions pour que, au printemps et à l'automne,
« l'évacuation de l'air vicié, ainsi que l'arrivée de
« l'air nouveau soient assurées *indépendamment du*
« *chauffage.*

« Il faut donc en général que, tout en utilisant l'hiver
« une partie de la chaleur des appareils de chauffage
« par le passage des tuyaux de fumée dans les
« cheminées d'évacuation, on se ménage des moyens
« auxiliaires pour activer l'appel, lorsque le chauffage
« doit diminuer d'intensité ou cesser tout à fait.

« Le mode le plus simple, et en même temps le plus
« avantageux, paraît être un foyer placé au bas de
« la cheminée d'évacuation, et qui serait alimenté en
« partie par l'air vicié même que l'on veut extraire. »

Il est aisé de voir que ce second foyer placé au bas du
tuyau d'extraction d'air vicié, existe déjà sous forme
unique dans notre cheminée à foyer ouvert, qui assure
donc en toute saison, une énergique et directe

(1) *Études sur la ventilation,* t. II, p. 5 et 115.

extraction de l'air vicié et par conséquent un appel abondant et régulier d'air neuf, ce qui constitue complétement les qualités nécessaires à une ventilation constante et rationnelle.

L'emploi de notre cheminée permet en outre aux élèves externes qui arrivent trop souvent mouillés de pluie, de se sécher rapidement, ce qu'ils ne peuvent faire avec un poêle ou un calorifère.

On trouvera peut-être très hardie cette application des foyers découverts au chauffage des écoles.

Mais l'expérience a déjà prononcé en leur faveur en Angleterre où ils sont d'un emploi général dans les écoles (1).

M. le docteur Riant professeur d'hygiène, dit à ce sujet (2) :

« Mais il faut ajouter que ce résultat (ventilation « assurée) possible quand il existe dans les pièces un « appareil de chauffage à tirage puissant, comme les « vastes cheminées *moyen-âge* en usage en Angleterre, « cesse de l'être, quand la cheminée est remplacée « comme chez nous le plus souvent par un très-modeste « poêle.

« Nous verrons, en parlant du chauffage (scolaire) « qu'il nous manque là un des éléments les plus impor- « tants de la ventilation. »

M. le docteur Gallard professeur à la Pitié et auteur de savants travaux sur le chauffage et la ventilation, conseille ainsi vivement (3) l'emploi des cheminées pour les salles d'étude :

« En effet, si le foyer lumineux d'une cheminée est « avantageux, ce sera surtout dans les salles d'études,

---

(1) Narjoux, *Écoles publiques*.
(2) *Hygiène scolaire*, p. 71.
(3) *Applications hygiéniques du chauffage* p. 43.

« où les collégiens séjournent environ huit heures par
« jour; c'est là que des cheminées ventilatrices seront
« nécessaires pour procurer une chaleur agréable tout
« en assurant un renouvellement suffisant de l'air. »

On voit donc que l'emploi des foyers découverts déjà
pratiqué en Angleterre et vivement recommandé chez
nous, n'est point une idée proposée légèrement, mais
qu'elle s'appuie au contraire sur les principes essentiels
de l'hygiène scolaire.

Bureaux.

Toutes les considérations précédentes peuvent
s'appliquer aux bureaux où les travaux et études sont
de même nature que dans les écoles, et où par conséquent l'emploi de la cheminée présente les mêmes
caractères d'utilité et de convenance.

Ateliers fermés.

Il est bien entendu qu'en parlant des ateliers fermés,
nous n'entendons nullement y comprendre les grands
ateliers prenant les proportions de l'usine, mais seule-
ment ces nombreux ateliers fermés comme il en est
tant à Paris et ailleurs, qui présentent trop souvent
réunies les plus graves causes d'insalubrité, produites
par l'agglomération de nombreux ouvriers ou ouvrières,
dans des locaux bas, étroits, chauffés presque toujours
par d'insalubres poêles de fonte, éclairés fortement
au gaz, et trop souvent dépourvus de tout système de
ventilation.

Quand au contraire il faudrait là surtout, à cause des
émanations provenant parfois des matières travaillées,
de l'active respiration des hommes en travail, de leur
transpiration, et des gaz toxiques de l'éclairage, un
renouvellement continu et puissant d'air pur.

M. de Freycinet, le savant ingénieur des mines, pose en effet au frontispice de son beau livre (1), ce principe, fondamental, supérieur à tous les autres :

« La ventilation est le plus puissant moyen d'assainissement des ateliers. »

Il nous paraît donc encore ici que l'emploi de nôtre système, pourrait rendre de grands services et éloigner des patrons et des ouvriers, bien des causes d'insalubrité et de maladie.

Casernes, postes, corps de garde.

M. le professeur Michel Lévy s'exprime ainsi sur le manque d'aération des casernes (2) :

« En temps de paix, le soldat logé dans les casernes,
« où les règlements actuels lui allouent un espace
« d'air tout à fait insuffisant, 12 mètres cubes dans les
« casernes d'infanterie, et 14 mètres dans celles de
« cavalerie.

« La ventilation y est naturelle, c'est-à-dire insuffi-
« sante; en hiver les chambres chauffées au moyen
« d'un poêle, sont tenues hermétiquement closes,
« pour empêcher la déperdition du calorique; chaque
« homme conserve près de lui les différentes pièces de
« son équipement, parfois la sellerie ou le harnache-
« ment, ses chaussures, ses vêtements imprégniés
« d'émanations malfaisantes; pendant l'hiver au milieu
« de la nuit, dans les casernes de cavalerie surtout,
« le méphitisme atteint d'ordinaire des proportions
« d'autant plus fortes que la propreté et les soins de la
« peau laissent plus à désirer.

(1) *Traité d'assainissement industriel.*
(2) *Traité d'hygiène*, t. II, p. 805.

M. le professeur Marvaud, du Val-de-Grâce, dit aussi
à ce sujet (1):

« Une autre cause qui vient encore augmenter les
« effets de l'encombrement dans les casernes, c'est
« l'absence ou l'insuffisance de ventilation.

« Pendant le jour, celle-ci peut être assurée il est
« vrai dans une certaine mesure, par les ouvertures
« naturelles, portes, fenêtres et surtout par les entrées
« et sorties des hommes.

« Mais l'hiver, quand le temps est rigoureux, l'aéra-
« tion par les portes et les fenêtres se fait beaucoup
« plus difficilement; aussi l'air des chambres acquiert
« rapidement une odeur tellement forte qu'il indique
« suffisamment à la personne qui y pénètre les produits
« délétères qu'il renferme.

« Pendant la nuit et dans les temps froids, la ven-
« tilation devient impossible, les chambres restant
« complétement fermées de sept heures du soir à six
« heures du matin, soit pendant onze heures environ.
« Rien n'est alors plus désagréable que de pénétrer le
« matin dans ces vastes salles où les hommes sont
« couchés en grand nombre, au milieu d'une atmos-
« phère fétide, malsaine et imprégnée des odeurs les
« plus repoussantes et des émanations les plus délé-
« tères. Il n'est pas d'officier ou de médecin dans
« l'armée, qui ne connaisse l'effet désagréable et
« fâcheux que produit, sur une personne qui n'y est
« pas habituée, l'entrée dans une chambre au moment
« du réveil.

« Il est vrai que divers procédés ont été proposés
« pour remédier à l'insuffisance de la ventilation
« naturelle dans les casernes; quelques-uns ont même
« été appliqués dans la plupart des casernes modernes.

(1) *Étude sur les casernes*, p. 12.

« Mais il faut avouer que le plus souvent, ces
« procédés ont été laissés de côté, soit par indifférence,
« soit par crainte de dépenses trop considérables.

« Aussi la plupart de nos casernes sont encore
« aujourd'hui dépourvues de moyens suffisants de
« ventilation. »

Il n'est donc point étonnant après de tels détails,
d'apprendre que la mortalité dans l'armée en temps
de paix, soit double de la mortalité civile.

Cette énorme augmentation de mortalité est ainsi
indiquée par MM. les professeurs (1).

Marvaud et Vallin, du Val-de-Grâce :

« Mais quand à l'exemple de M. le docteur Vallin (2)
« on recherche non pas si la mortalité du soldat est
« égale à celle du milieu (grandes villes) dans lequel
« il vit, mais bien : si l'homme, en devenant soldat,
« garde les chances de vie qu'il aurait eues loin du
« service, on constate, qu'il perd la moitié de ces
« chances par le fait même de la profession militaire;
« en d'autres termes, que la mortalité militaire est,
« par rapport à la mortalité civile dans les proportions
« de 2 à 1. »

Cette très-grave conclusion des savants professeurs
du Val-de-Grâce, indique qu'il est urgent, de prendre
les mesures les plus propres à empêcher l'encombrement, l'insalubrité et le méphitisme des salles de
caserne, qui engendrent ou propagent les maladies les
plus funestes, fièvres typhoïdes, éruptives et la tuberculose (3).

Une grande expérience faite récemment, sur la plus
large échelle, en Angleterre, a prouvé l'influence

(1) *Étude sur les casernes*, p. 21.
(2) *Annales d'hygiène*, 1868.
(3) Villemin, *Études sur la tuberculose*, 1868.

excellente pour la santé du soldat, d'un bon système d'aération (1).

En effet, en 1857 un rapport médical officiel avait signalé l'élévation de la mortalité dans l'armée anglaise, elle s'élevait à 17,5 sur 1000 hommes, tandis qu'elle n'atteignait que 9,2 pour 1000 dans la population mâle civile. Une enquête fut ouverte, elle eut pour résultat d'assigner aux causes principales de cette mortalité, les défauts de salubrité des casernes, tels que l'encombrement et l'insuffisance de ventilation.

Le Ministre de la guerre, Lord Panmure, prit alors immédiatement toutes les mesures nécessaires à la transformation hygiénique des casernes, et chaque chambre fut pourvue d'une cheminée ventilatrice et d'orifices d'admission d'air extérieur et d'extraction d'air vicié.

Depuis l'adoption de ces appareils dans les casernes anglaises on a constaté une diminution considérable, dans la mortalité de l'armée, (dans l'Inde anglaise la mortalité est descendue de 60 à 32 par 1000 hommes après l'application de ces mesures).

La cheminée ventilatrice adoptée en Angleterre, porte le nom du capitaine du génie anglais : Douglas Galton, officier très-distingué, qui s'est beaucoup occupé de toutes les questions d'hygiène militaire et hospitalière.

Mais le principe de ce genre de cheminée ventilatrice a été indiqué dès 1832 dans le mémorial du génie français, par le capitaine Belmas.

Cette cheminée très-hygiénique, n'utilise cependant point assez la chaleur du combustible, et pendant l'hiver de 1860-61 elle a été l'occasion de plaintes des soldats anglais sur son défaut de puissance calori-

---

(1) *Etudes sur la ventilation*, général Morin, t. 1, p. 56.

fique (1), la chaleur des chambres ne pouvait alors atteindre 10 degrés même avec une combustion très-active de houille (2).

A plus forte raison cette cheminée ventilatrice ne peut être appliquée en France où le combustible est plus cher qu'en Angleterre.

La cheminée est cependant indispensable dans les chambres de caserne. Elle seule permet en effet une ventilation active, et même quand elle est sans feu elle donne encore lieu à une ventilation naturelle très-utile.

Elle seule peut procurer aux soldats le moyen rapide et salubre de sécher leurs habits et chaussures, en enlevant promptement la vapeur d'eau produite. Ce qu'on ne peut obtenir avec les poêles actuels.

La nécessité d'une cheminée pour les chambres de caserne étant démontrée on doit, comme on l'a vu, choisir la plus économique au point de vue de l'utilisation du combustible.

Il est aisé de voir que l'emploi de notre système économique de cheminée, du type simple, se trouve ici tout naturellement indiqué; ainsi que pour les postes et corps de garde, où il est nécessaire de réchauffer doucement les sentinelles qui rentrent après leur faction, et non violemment comme on le fait trop souvent avec des poêles de fonte portés au rouge, ce qui cause de brusques transitions très-dangereuses dans les deux sens, justement condamnées par le professeur Michel Lévy (3).

Casemates et abris souterrains.

Les logements à l'épreuve destinés à protéger les troupes assiégées, sont aujourd'hui presque partout

(1) *Études sur la ventilation*, t. I, p. 90.
(2) Blondel et Ser, *Rapport sur les hôpitaux de Londres*, p. 186.
(3) *Traité d'hygiène*, 1869, t. 1, p. 610.

construits sous le rempart, dans les courtines. Déjà peu saines autrefois, quand cependant elles pouvaient être aérées par des meurtrières percées dans le mur d'escarpe, les casemates de rempart, deviennent très-insalubres, depuis que les perfectionnements de l'artillerie ont forcé le génie militaire à renoncer à cette disposition d'aérage et d'éclairage. Car elle exposait l'intérieur des casemates aux projectiles de l'ennemi, après la démolition du mur d'escarpe, comme il est arrivé pendant le siége de Paris au fort d'Ivry.

On a donc interposé entre le mur d'escarpe et le mur de tête de la casemate, une forte épaisseur de terre, ce qui supprime toute aération au fond de la casemate, et introduit une nouvelle cause d'infiltration et d'humidité.

Ce modèle de casemate conserve donc encore quelques ouvertures d'aération directe du côté de la place, ouvertures qu'il faut cependant masquer, en temps de siége, par des madriers, s'opposant à l'entrée des éclats d'obus.

Ce type de casemate déjà si difficile à ventiler n'est cependant applicable qu'aux fronts d'enceinte ou de forts non exposés à des feux de revers; M. le capitaine du génie, Grillon, dit en effet (1) :

« Pour les forts isolés ou autres ouvrages qui peuvent « recevoir des projectiles de tous côtés, il sera sans « doute nécessaire de réduire beaucoup la hauteur des « casemates, et d'en défiler la façade au moyen de « parados élevés, ou même de les envelopper de terre « sur toutes leurs faces, sauf à adopter pour l'intérieur « de ces casemates un éclairage artificiel, et des moyens « perfectionnés de chauffage et de ventilation, dont les « détails n'ont encore été qu'incomplétement étudiés. »

On a déjà compris toute l'insalubrité de pareils

(1) *Mémorial du génie*, 1874, p. 147.

logements, obscurs, complétement entourés et couverts de terre humide, qui trop souvent infiltre leurs voûtes et leurs murailles épaisses, d'une grande quantité d'eau, et dépourvus enfin de toute aération naturelle.

Ces locaux sont cependant indispensables en temps de siége pour assurer le repos nécessaire aux défenseurs. Il faut donc étudier à fond tous ces inconvénients et tâcher de les faire disparaître au moins en partie.

M. le docteur Morache, professeur au Val-de-Grâce, s'exprime ainsi sur l'hygiène des casemates (1) :

« Les casemates ou autres abris de ce genre sont
« essentiellement défectueux au point de vue de
« l'hygiène, toutes les causes d'insalubrité s'y réunis-
« sent à l'envi; les principales sources de danger
« consistent dans la difficulté de l'asséchement, de la
« ventilation, de l'éclairage et du chauffage.

« La ventilation des casemates ou abris fortifiés est
« singulièrement compliquée par ce fait, que tout
« orifice peut permettre au besoin l'entrée des
« projectiles et diminuer la sécurité, non moins que la
« solidité de l'habitation; en conséquence les fenêtres,
« même sur la face opposée à l'attaque, ne sont pas
« toujours admissibles, et sont uniquement remplacées
« par des meurtrières destinées à la mousqueterie. La
« ventilation qu'elles procurent étant totalement insuffi-
« sante, il est prudent de disposer des cheminées d'appel
« pour entraîner l'air au dehors; à l'entrée de ces
« cheminées, qui doivent s'ouvrir très-largement, on
« établira un foyer avec grille ouverte; dans les cas
« d'encombrement, ou lorsque les abris seront remplis
« de la fumée de la poudre, comme pendant un combat,
« il sera nécessaire d'y allumer un grand feu, pour
« activer puissamment le courant d'air ascensionnel.

(1) *Traité d'hygiène militaire*, 1874, p. 428.

« Ces dispositions ont été appliquées avec succès dans
« certaines constructions militaires, au fort de Bitche
« en particulier, où trois étages de casemates se
« trouvent disposés au-dessous de la plate-forme du fort.
« Les cheminées d'appel ont fonctionné avec avantage
« pendant les péripéties d'un long siége (1870-71).

« Les quelques casemates pourvues de ces cheminées
« avec foyer intérieur, ont toujours joui d'une
« salubrité parfaite, aucun accident d'encombrement
« n'y a été signalé, et cependant elles étaient habitées
« par une garnison fort nombreuse; dans les case-
« mates, au contraire, simplement aérées par les
« meurtrières, l'on pouvait constater chez les habitants,
« des signes non équivoques d'un manque d'air
« suffisamment réparateur, et ceux de l'empoisonne-
« ment par les miasmes humains.

« Malgré le danger auquel on exposait les hommes,
« il devint indispensable de faire évacuer ces locaux
« pendant plusieurs heures de la journée. »

L'emploi de la cheminée à foyer découvert est donc
de la plus haute nécessité dans les casemates, car elle
y produit tous les avantages d'une bonne ventilation
et d'un chauffage salubre, elle contribue puissamment
à son asséchement et enfin en éclairant ces lieux
obscurs, elle doit avoir une heureuse influence sur
le moral des hommes qui ont besoin en de si graves
circonstances de conserver toute leur énergie.

Mais, et surtout en temps de siége, le combustible
est parfois rare, et il faut l'économiser avec soin. D'où
l'emploi, tout indiqué de la cheminée qui l'utilisera
le mieux.

On est donc encore conduit logiquement ici, à
choisir notre système de cheminée à haute utilisation,
du type le plus simple, pour la ventilation énergique
et le chauffage hygiénique de tous les genres de
casemates.

Hôpitaux civils et militaires, ambulances temporaires, hospices.

En 1861-62, l'Académie de médecine de Paris s'est occupée pendant près de six mois de la salubrité des hôpitaux, et nous avons déjà vu plus haut, que les membres de cette savante compagnie demeurèrent d'accord sur le point important de la ventilation; et que MM. les professeurs Devergie, Gosselin, Larrey, Malgaigne, Michel Lévy, Piorry, Renault, Tardieu (1), conclurent en demandant pour l'effectuer dans les meilleures conditions, l'ouverture très-fréquente des fenêtres, et l'emploi des cheminées à foyer découvert dans toutes les salles d'hôpital, foyers apparents qu'ils trouvaient indispensables au physique et au moral des malades.

Les mêmes conclusions furent adoptées à la société de chirurgie de Paris (2) par MM. Broca, Giraldés, Guérin, Gosselin, Larrey, Léon Lefort, Marjolin, Verneuil, Trélat; qui furent unanimement d'accord pour conseiller l'emploi de la ventilation naturelle, et du chauffage à feu apparent effectué au moyen de cheminées ouvertes placées dans toutes les salles de malades et blessés.

Les sommités de l'art médical sont on le voit parfaitement d'accord, pour conseiller l'emploi des cheminées à feu apparent dans tous les hôpitaux civils ou militaires, et pour demander l'application des procédés de ventilation naturelle, de préférence aux coûteux systèmes de ventilation artificielle, dont l'emploi paraît plutôt funeste que salutaire aux malades, ainsi que paraissent l'établir les chiffres suivants

(1) *Bulletin de l'Académie de médecine*, t. XXVII.
(2) *Discussion sur la salubrité des hôpitaux*, 1865.

extraits d'un travail de M. le docteur Bouchardat, professeur d'hygiène (1).

Mortalité des malades dans les hôpitaux généraux de Paris.

Moyenne de dix années 1860 à 1869.

HOPITAUX VENTILÉS ARTIFICIELLEMENT.	HOPITAUX VENTILÉS NATURELLEMENT.
Necker $\frac{100 \text{ morts}}{942 \text{ malades}}$.	Saint-Antoine $\frac{100 \text{ morts}}{1116 \text{ malades}}$.
Lariboisière $\frac{100 \text{ morts}}{944 \text{ malades}}$.	Hôtel-Dieu $\frac{100 \text{ morts}}{1166 \text{ malades}}$.
Beaujon $\frac{100 \text{ morts}}{1050 \text{ malades}}$.	Pitié $\frac{100 \text{ morts}}{1188 \text{ malades}}$.
Soit une moyenne de $\frac{100 \text{ morts}}{978 \text{ malades}}$.	Cochin $\frac{100 \text{ morts}}{1236 \text{ malades}}$.
	Charité $\frac{100 \text{ morts}}{1418 \text{ malades}}$.
	Soit une moyenne de $\frac{100 \text{ morts}}{1224 \text{ malades}}$.

Rapport $\frac{1224}{978} = 1,25$

Ainsi, comme nous l'avions déjà dit plus haut, quand il se produit 100 décès dans les hôpitaux généraux de

(1) *Revue des cours scientifiques*, décembre 1873.

Paris ventilés naturellement ; il s'en produit alors 125 dans ceux ventilés artificiellement, soit un quart en plus.

De pareils résultats sont trop graves pour qu'il soit besoin d'insister sur l'insuccès des coûteuses ventilations artificielles employées à Paris. En effet ces systèmes sont non-seulement funestes aux malades, mais ils sont en outre très-coûteux à établir et à entretenir.

Ainsi nous voyons dans le grand et beau travail de M. Husson, ancien directeur de l'assistance publique (1), qu'à l'hôpital Lariboisière, les frais d'établissement des appareils de chauffage et de ventilation, ont coûté l'énorme somme de 410,096 francs, et que la dépense annuelle d'entretien et de chauffage s'élève à 80,533 francs, ce qui exige à 5 % un capital de plus d'un million et demi ! pour obtenir l'insalubre ventilation et le très triste chauffage d'un seul hôpital.

Ces énormes dépenses de construction et d'entretien seraient augmentées dans des proportions incalculables, si on voulait appliquer ces insalubres systèmes aux hôpitaux composés de pavillons très-éloignés l'un de l'autre et ne contenant qu'une seule salle de malades ; système déjà pratiqué en ce moment et qui le sera bien plus à l'avenir, car lui seul permet la dispersion et l'isolement des malades, pour éviter sûrement la propagation des maladies à miasmes. Dans ce cas en effet il faudrait augmenter énormément la longueur de toutes les canalisations de vapeur et d'air, de retour d'eau ; les frottements et les pertes de chaleur causés par ces trop longues canalisations deviendraient énormes et rendraient les frais d'entretien déjà si élevés, tout à fait ruineux.

Monsieur le directeur Husson objectait en 1862 (2),

(1) *Étude sur les hôpitaux*, p. 348 et 353.
(2) *Étude sur les hôpitaux*, p. 63.

que le chauffage par les cheminées ordinaires qui n'utilisent que 12 % de la chaleur du combustible coûterait 4 ou 5 fois plus qu'avec les poêles et calorifères à air chaud en usage alors dans les hôpitaux de Paris, qui utilisaient en moyenne 50 %.

Mais aujourd'hui grâce au perfectionnement fondamental, que nous avons apporté à la cheminée en la dotant des qualités économiques qui lui faisaient complétement défaut; il y a lieu d'examiner à nouveau par une sérieuse étude théorique et expérimentale cette grave question tant discutée depuis 1862.

Nous avons la très-ferme confiance, que cette étude sera favorable à l'emploi de notre système dans les hôpitaux, et qu'ainsi, on pourra enfin satisfaire à l'unanime désir des médecins et chirurgiens, qui depuis longtemps comme on l'a vu, réclament vivement l'adoption de la cheminée à feu apparent pour le chauffage hygiénique et la ventilation énergique des salles d'hôpital.

Nous ne terminerons pas cette étude sans insister fortement sur une disposition toute spéciale des surfaces de chauffe de notre cheminée, ayant pour résultat d'empêcher toute introduction d'oxyde de carbone dans les pièces où on en fait usage.

Pour obtenir ce très-important résultat, nous avons fait passer l'origine du tuyau du récupérateur dans le coffre ordinaire de la cheminée et la suite de ce tuyau de chauffe dans le coffrage d'air pur nouveau. Il en résulte que la seule partie des tuyaux de chauffe exposée à rougir est complétement isolée du contact de l'air nouveau et qu'elle ne peut par conséquent y laisser passer par diffusion l'oxyde de carbone, n'y décomposer l'acide carbonique de l'air nouveau en le transformant en oxyde de carbone, ainsi que le font tous les poêles et calorifères métalliques.

On voit donc enfin que sous tous les points de vue notre système de cheminée satisfait complétement à toutes les exigences de l'hygiène.

A. WAZON,
Ingénieur conseil en ventilation et chauffage.

Paris, Avenue de Neuilly, 31.

LÉGENDES.

Type simple

Nos 1 Départ de la flamme.
    2 Clef réglant son tirage.
    3 Tuyau du récupérateur.
    4 Rejet des gaz refroidis dans la cheminée.
    5 Coffrage ordinaire de la cheminée.
    6 Prise d'air pur extérieur.
  6 *a* Clef réglant son entrée.
    7 Coffrage d'air pur s'échauffant ou restant frais.
    8 Débouché de l'air pur dans la pièce au plafond.

Type à prise d'air vicié au plofond.

    9 Prise d'air vicié au plafond.
  10 Coffrage de descente de l'air vicié.
  11 Registre à coulisses, réglant son écoulement.
  12 Contre-poids du registre.
  13 Poulie dentée, à chaine de galle, actionnant le registre d'air vicié
  14 Rideau ordinaire qu'il faut tenir baissé pour prendre l'air vicié.
  15 Vase saturateur d'eau.
  16 Registre à contre-poids, réglant l'entrée de l'air extérieur.
  17 Clef à poulie dentée, actionnant ce registre.

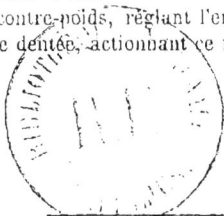

Imprimerie et Librairie de E. LACROIX, rue des Saints-Pères, 54, à Paris.

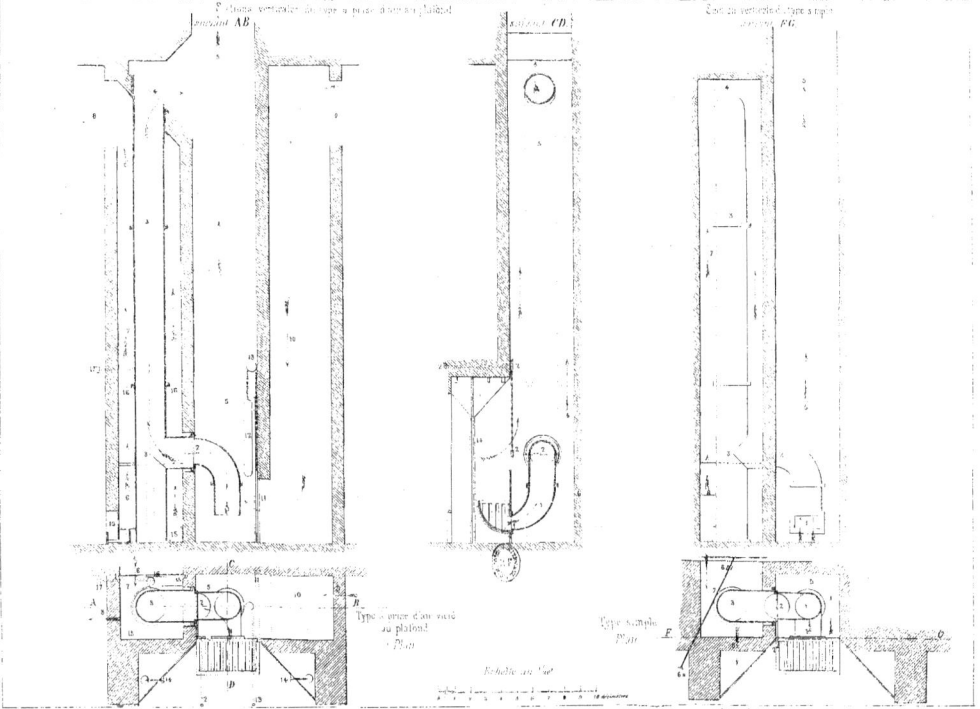

Type à prise d'air vicié
au plafond
Plan

Type simple
Plan

Échelle au 1/10e

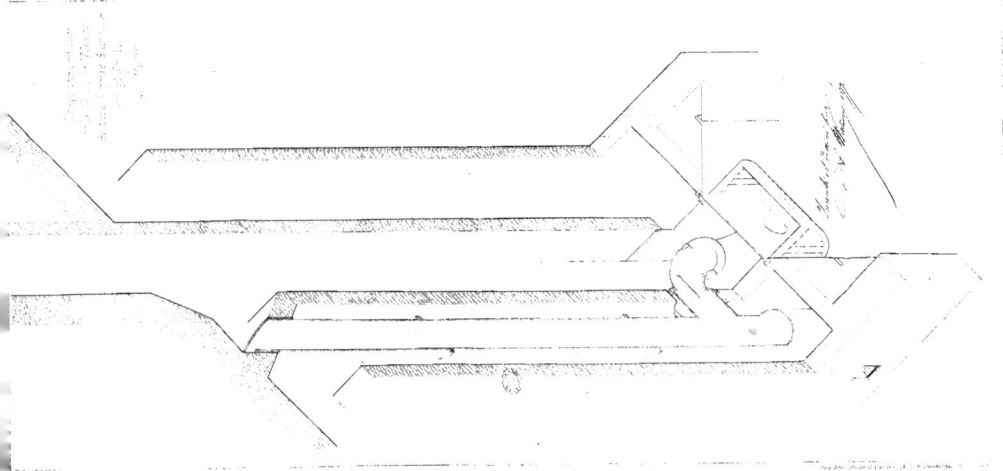

353

353

www.ingramcontent.com/pod-product-compliance
Lightning Source LLC
Chambersburg PA
CBHW070913210326
41521CB00010B/2165